LA LEONA DE KUMULLCA
Y OTROS CUENTOS ECOLÓGICOS

CARLOS VEGA OCAÑA

LA LEONA DE KUMULLCA
Y OTROS CUENTOS ECOLÓGICOS

Book Publishing

LA LEONA DE KUMULLCA
Y OTROS CUENTOS ECOLOGICOS
© CARLOS VEGA OCAÑA

Editor: Carlos Vega - Book Publishing
Godofredo García 375 - Urb. Los Granados
Trujillo - Perú
Primera edición, enero 2018
Tiraje: 1000 ejemplares

Hecho el Depósito Legal en la Biblioteca Nacional del Perú N° 2018-00036

Ilustraciones:
Andersón Zegarra & Carlos Vega

Apoyo editorial:
Fátima Vega C.

Correción de estilo
Dr. Saniel Lozano Alvarado

Diseño e impresión
GRAFICART SRL
San Martín 375 - Trujillo, Perú

Este libro se encuentra disponible para su venta una edición virtual en: AMAZON KINDLE

© Todos los derechos reservados.

Esta publicación goza de los derechos de propiedad intelectual en virtud del protocolo 2 anexo a la Convención Universal sobre Derechos de Autor, por lo que no se permite, reproducir o almacenar en sistemas de recuperación de información o trasmitir alguna parte de esta publicación, cualquiera sea el medio empleado – electrónico, mecánico, fotocopia, grabación, etc – sin permiso previo del autor intelectual.

Impreso en Perú
Printed and made in Peru

Papel 100% procedente de bosques gestionados de acuerdo con criterios de sostenibilidad

INDICE

Ucumari, el amigo de la neblina	13
El Caiman de Piedra	23
La leona de Kumullca	29
Maravilloso Colibrí	37
Machaqway, la serpiente amiga de los hombres	45
Tilacancha, manantial de vida	53

Un toque de naturaleza, hermana a todo el mundo.
William Shakespeare

Prólogo

En esta época de calentamiento global, de contaminación ambiental, de explotación irracional e indiscriminada de los recursos naturales, de aprovechamiento irracional y extinción de las especies, de pronto asistimos a relumbrones y destellos de esperanza, que nos devuelven la fe en el reencuentro y valoración de la naturaleza, el espacio que nos dio la creación para compartirlo con los seres vivientes y no aniquilarlos en nombre de la civilización.

Siempre me impactaron los cuentos del uruguayo Horacio Quiroga, especialmente sus "Cuentos de la selva" o "Anaconda"; pero el signo trágico de varias historias o el desenlace con frecuencia doloroso y terrible entraban en conflicto con mi admiración por el formidable cuentista muy influido por el norteamericano Edgar Allan Poe y, seguido entre nosotros, por Enrique López Albújar y sus cuentos andinos, también por lo general trágicos y terribles.

Uno de los cuentos de Quiroga, "A la deriva", refiere cómo un obrero de la selva dedicado a la explotación de madera, de pronto es mordido por una víbora. Entonces, al no encontrar remedio en su rancho emprende una agónica travesía por las aguas del río Paraná en procura de llegar a Puerto Esperanza; sin embargo, pese a sus esfuerzos no encuentra ningún auxilio, su embarcación navega a la deriva y el hombre muere en su intento.

Una lectura superficial o lineal del cuento nos conduce a encontrar las causas de esta tragedia en la mordedura de la serpiente y en el descuido del hombre; pero una lectura más a fondo nos deja la verdadera moraleja: es la protesta de la naturaleza ante su explotación irracional.

Trasladando de ambiente esta historia a los breves relatos del libro "La leona de Kumullca y otros cuentos ecológicos", de Carlos Vega Ocaña, el autor retoma el camino o puente de retorno a la naturaleza generosa y pródiga donde los seres humanos que la habitan comparten con ella el espíritu de la vida que se resiste a ser alterada por la modernidad y por los peligros de la extinción de las especies.

Es que, respetando esos espacios vírgenes, podemos contribuir a una vida equilibrada con la naturaleza y a las posibilidades del desarrollo sostenible.

Los cuentos de este hermoso libro desarrollan historias tiernas, graciosas, tal vez insólitas para la mentalidad de la época, pero, eso sí, auténticas en su pureza; por eso, no obstante la diversidad de las historias que se relatan, el mensaje es común: hay que conocer, comprender y respetar el hábitat, el modo de ser, las condiciones de vida de los animales, muchos de los cuales no son, en sentido estricto, enemigos del ser humano.

Si bien las historias particulares difieren en cada caso, hay también una riqueza y un derroche de imaginación que se plasma en la concepción y manejo de historias, todas protagonizadas por animales, que atraen el interés y la atención de los lectores, en especial de los niños y jóvenes, que son los principales destinatarios, aunque no los únicos, pues estamos ante un libro abierto a todos los receptores sin distinción ni limitaciones. En tal sentido, los diversos cuentos, por su alta capacidad de humanismo y personificación, contienen también un valor metafórico y simbólico: es el llamado del autor al conocimiento, comprensión, preservación y amor por la naturaleza, el cosmos en el que la vida del ser humano debe ser hermosa, noble y pura.

Felicitamos a Carlos Vega Ocaña por este relicario de cuentos destinados a ser poseídos por los niños, no solo como lectores, sino como seres humanos sensibles, generosos y buenos, pues, en definitiva, todos estamos comprometidos con la tarea de conservación y purificación de la naturaleza.

Saniel E. Lozano Alvarado

Palabras del autor

Estos cuentos son producto de mi gran amor hacia la naturaleza, la cual tiene relación directa con mi origen: Nací en el campo, en una casa rodeada de quishuares (Polypepis), en el distrito de Uchucmarca, en los andes orientales del norte del Perú.

La fascinación permanente, admiración y profunda conexión con la naturaleza que siento, me impulsan a compartir estos relatos con ustedes, y qué, a través de su lectura, seguramente se trasladarán de manera imaginaria a los escenarios, personajes y situaciones, para que finalmente éstos reposen en su corazón y que entonces, llenos de gozo, abracen y cuiden a la naturaleza con todos los tesoros que ella comparte generosamente con nosotros.

Carlos Vega Ocaña

Al **Dr. Abundio Sagástegui Alva**,
*maestro e investigador peruano, eminente botánico,
que dedicó su vida al conocimiento de las plantas y
los ecosistemas que las albergan.*

Ucumari, el amigo de la neblina

Una ligera llovizna cargada de finas gotas de agua, alejaba un poco el intenso frío matutino que calaba hasta los huesos a Francisco Martos, curtido cazador cajamarquino, quien había llegado desde el pueblo de Celendín a Uchucmarca hacía ya varios años. Su ocupación principal era la agricultura, dedicando buena parte de su tiempo al cultivo de papas y ocas en Chivane y el resto a su afición de toda la vida: la cacería, actividad que conocía y disfrutaba mucho, por lo que su fama de cazador llegó a extenderse por toda la provincia de Cajamarquilla, allá por la década de los 30, en el siglo pasado.

En esa madrugada Martos se encontraba de cacería, camino a la Encañada, paraje muy cerca de la laguna de Huayabamba. La lluvia intensa y un viento helado de la noche anterior le hicieron improvisar un pequeño albergue al pie de unas grandes rocas calcáreas. Cortó abundante ichu con su machete, que luego utilizó como colchón y frazada, para aliviar el frío y poder descansar.

Apenas se había quedado dormido, cuando de pronto un ruido muy fuerte llamó su atención; parecía que alguien estaba trayendo a suelo todas las achupallas, mordiéndolas vorazmente. Rápidamente pensó: Es el oso. - Una intensa alegría recorrió su cuerpo-. Encontró a su presa más cerca de lo que pensaba. Luego ya no pudo conciliar el sueño; solo pensaba en toda la carne, grasa y la piel que esta le proporcionaría.

Apenas empezó a clarear el día, se levantó, oteó el horizonte y de pronto vio una mancha negra que se movía muy cerca de la cumbre del cerro, cogió su alforja, sacó el largavista y enfocó a la mancha negra. Ahora no tenía dudas: el oso se movía lentamente cuesta arriba, rumbo a un lugar llamado las Siete Lagunas, hermoso páramo con siete cuerpos de agua cristalina en una planicie, cuyo suelo es una gran esponja de agua que alberga flores muy bellas de diverso tamaño y forma, muchas de color amarillo intenso, otras lilas, rosadas, rojas, naranjas, etc. Algunas pegadas del suelo, otras con un tallo más grande y suculento, lleno de agua. Pequeñas cascadas que caen por doquier, cual rayos de plata que al sentir la luz del sol, toman vida y derrochan una extraordinaria belleza, aves diversas de muy lindos colores y cantos adornan y alegran este maravilloso ambiente.

Martos sacó su guayaca llena de coca, tomó un bocado, empezó a masticarla, luego agregó cal con la aguja de su chufrán y mezclándola trató de que el alcaloide funcionara. Allí un ligero escalofrío recorrió su cuerpo: la coca, en vez de estar dulce, amargaba mucho.

¡Mal presagio! Pensó esto no me gusta nada, la coquita ¡No arma! ¡No arma! ¡Caramba! Por un momento pensó en regresar a Uchucmarca, pero después dijo: he venido a cazar y no regresaré sin una buena presa, no quiero que la gente se ría de mí.

Se levantó de un salto, tomó aliento y a andar se ha dicho, pues tenía que rodear la montaña para encontrarse con el oso cuando este llegara a la cumbre. Por un tiempo fue siguiendo la huella del oso por un sendero angosto, hasta encontrarse con un paso muy dificil, donde decidió cambiar de rumbo. Estos caminos generalmente no son aptos para los humanos y en las zonas más agrestes constituyen el único paso posible de un lugar a otro. Las personas que siguen estos caminos deben ser muy cuidadosas, ya que un simple resbalón podría costarles la vida.

Pese a que la coca no armaba, Martos lleno de adrenalina fue entrando en calor y caminaba rápidamente; ahora también lamentaba que su pequeño perro cazador "Príncipe", esta vez no le acompañara, porque estaba con su hijo, quien había ido al pueblo de Uchucmarca a comprar sal y fósforos.

Mirando al suelo, se encontró con estiércol del oso, muy fresco; allí se notaban los restos de achupallas y semillas diversas. De pronto un pensamiento asaltó su mente: "si no me doy prisa, puedo perderlo de vista y adiós carnecita".

En ese momento alcanzó a divisar al oso, que lentamente se internó en un pequeño bosque enano, muy cerca de la cumbre. Martos, con el conocimiento que tenía, calculó que a su salida del bosque él podría estar sobre la cumbre muy bien posicionado para dispararle certeramente.

Diestramente avanzó hasta llegar a la parte más alta y allí, agazapado sobre una roca con su vieja compañera al hombro, una carabina semiautomática "Savage" calibre 22, lista para disparar, estaba Martos, esperando a su presa.

De pronto observó a lo lejos cómo el oso salía del bosque, no sin antes comerse algunas moras silvestres, de las cuales había por montones, y una en especial, grande de color rojo intenso muy parecida a una fresa era su preferida, por su delicioso sabor agridulce y que la gente del lugar llamaba "mora del oso".

Concentrado en su presa, esperando que esta se encontrara a una menor distancia para asegurarse el tiro, Martos se olvidó de su entorno. En ese momento todo empezó a oscurecerse y no pudo ver más allá de sus narices, una densa neblina envolvió el lugar. Allí se acurrucó con su poncho, para protegerse de la humedad y el frío intenso. Ahora tenía que esperar el paso de la neblina. Él cómo diestro cazador, sabía hacerlo pacientemente.

Después de dos horas, que parecían una eternidad, la nube no pasaba y empezó a mostrar su disgusto; sabía que su presa durante ese tiempo seguía caminando, aun con la neblina y podría escaparse, pero él no se aventuraba a caminar con neblina por esos senderos, pues sabía que una caída sería fatal.

Pasaron algunas horas y, al ver que la neblina estaba menos densa, decidió ir hacia donde creía podía encontrar nuevamente al oso. No hubo caminado siquiera treinta metros, avanzando siempre por el "camino del oso", sobre un barranco muy escabroso, cuando sorpresivamente, al levantar la vista del camino, se encontró frente a frente con el oso, que estaba parado en dos patas, a menos de dos metros de distancia. Tal fue el terror que sintió, que lo único que alcanzó a decir fue ohhhhoosooooooooooo…. y al tratar de retroceder para escaparse, perdió el equilibrio y cayó estrepitosamente, despeñándose por el profundo barranco donde quedó malherido. El oso, por su parte, se quedó inmóvil un momento; luego se hizo como un ovillo y rodó cuesta abajo, sobre achupallas y zarzas, levantándose al final de su caída, caminado sin mayor dificultad, pues su gruesa piel y grasa lo protegieron de todo daño.

Después de algunos días de búsqueda los uchucmarquinos encontraron a Martos totalmente grave, quien apenas pudo balbucear la frase: "no pude con el oso; él es amigo de la neblina".

Glosario

Achupallas: Una bromelia típica de los ambientes andinos; es uno de los principales alimentos del oso andino.

Chufrán: Pequeña calabaza que sirve para llevar cal viva o ceniza de origen vegetal; ingrediente que masticado junto a las hojas de coca ayuda a desprender su alcaloide de modo más rápido. Tiene una tapa de madera o asta de ganado vacuno, la cual posee una aguja para extraer la cal y llevarla a la boca.

Guayaca: Pequeña alforja usada para llevar hojas de coca.

Hoja de coca: Hojas de un arbusto originario de los Andes llamado coca (*Erythroxylum coca*), que crece hasta 2,5 m de altura. Posee efectos medicinales como analgésico y es considerada dentro de la cultura andina como una planta mágica, debido a sus propiedades estimulantes.

Largavista: Instrumento óptico que sirve para ampliar la visión de objetos ubicados a larga distancia.

Oso de anteojos: Vive en la región andinoamazónica de América del Sur, en territorios de Venezuela, Panamá, Colombia, Ecuador, Perú, Bolivia y la zona norte de Argentina, en ambas vertientes de la Cordillera de los Andes. En Perú habita diversos ecosistemas ubicados entre los 500 msnm, a donde baja temporalmente cuando escasea el alimento, y los 4,500 msnm, donde rara vez se le puede observar, prefiriendo vivir en los bosques húmedos y de neblinas situados en las ecorregiones de la Selva Alta y el Páramo. También vive en zonas semiáridas como el Bosque Seco Ecuatorial.

Existen serias amenazas para la conservación de esta especie, debido a la pérdida de su habitat por la tala y quema indiscriminada, cacería furtiva y tráfico ilícito. Actualmente se considera una especie en vías de extinción.

En nuestro país se vienen realizando algunos esfuerzos para su conservación, como el caso de la Reserva Ecológica de Chaparrí en el departamento de Lambayeque, donde se rescata a esta especie con el objetivo de reintroducirla a su hábitat natural.

Páramo: Ecosistema localizado en la franja comprendida entre el bosque montano y el límite superior de la nieve perpetua (aprox. 3000 a 5000 msnm). Abarca desde Venezuela hasta el norte de Perú. Este es uno de los ecosistemas más más rico del mundo, albergando una gran biodiversidad y endemismo; sin embargo, desde el punto de vista ecológico es un ambiente frágil. Por su alta diversidad biológica e importancia biogeográfica, evolutiva, ecológica y económica, están relacionados con los pueblos y culturas andinas y sus formas de vida, es así que el bienestar de millones de personas depende de los bienes y servicios ambientales de los páramos: los musgos absorben agua en gran volumen, regulando los caudales de los ríos y quebradas que surten del vital líquido a las poblaciones y campos de cultivo. Sin embargo, prácticas humanas insostenibles (tala de bosques, quema de pajonales y cacería indiscriminada) están amenazando el funcionamiento de los páramos, y con ello nuestro propio bienestar. Hay que sensibilizar a la gente de los páramos y a los que reciben sus beneficios sin conocerlos, para generar conciencia conservacionista.

Zarzas: Arbusto espinoso que tiene como fruto a las zarzamoras.

Para mi gran amigo,
Dr. Saniel Lozano Alvarado,
*con gran afecto y cariño, por su invalorable
amistad, junto a su calidad humana y profesional.*

El Caimán de Piedra

Después de varios meses en la arena, el cascarón se rompió y salió a la luz el pequeño saurio, que a diferencia de sus hermanos, ayudado por su madre se desplazó con singular soltura y rapidez hacia el río, cuyas aguas marrones estaban deliciosamente calientes.

Muy pronto se sumergió en el agua y vio un animal parecido a él, pero varias veces más grande. Al principio trató de ir a su encuentro, mas su instinto le indicó que se alejara rápidamente de este peligro.

Así fue creciendo lentamente alimentándose de peces y pequeños roedores, siempre huyendo de otros animales que le perseguían para convertirlo en su alimento.

Hasta que un día se presentó la oportunidad de cazar una pacarana, la cual tranquilamente tomaba agua en la orilla. Con mucha cautela se acercó sin ser visto y con un certero mordisco alcanzó a su presa; y así, con esta deliciosa experiencia, dejó un tanto los peces para dedicarse a cazar mamíferos.

Por aquellos tiempos se presentó una fuerte sequía en la región; el río fue disminuyendo su caudal, la tierra se agrietaba implorando agua, las plantas pedían a gritos riego. Los animales también estaban sufriendo las consecuencias de tan terrible sequía. La lucha por los alimentos y el agua se hacía cada vez más fuerte. Muchos de ellos sucumbieron en la lucha por su vida.

Para el joven caimán también se complicó la existencia terriblemente, ya que por una parte escaseaban los alimentos y por otra, los predadores más grandes como la boa yacumama y caimanes más viejos, lo perseguían para devorarlo.

En esta situación, un día mientras reposaba en la orilla muy hambriento, se acercó un joven venado a la orilla, y él en su desesperación por atrapar la presa, atacó antes de tiempo, con lo que apenas pudo morder levemente la pierna del herbívoro y este escapó raudo hacia el cerro.

En ese momento, con el olor de carne fresca entre sus fauces, decidió perseguir a su presa, la cual se alejó rápidamente; mas él estaba seguro de que en algún momento caería por la herida que le había propinado.

Con movimientos lentos y guiándose por su olfato siguió a su presa durante mucho tiempo. Tan dedicado estaba a esta tarea que no se percató que se había alejado mucho del agua, y allí en el bosque seco, en un ambiente extremadamente caliente, debilitado por la falta de alimento, agua y el gran esfuerzo realizado, no pudo soportar más y su corazón dejó de latir.

La sequía continuó, el sol siguió abrazador y el caimán se fue secando y se puso muy rígido.Después con el paso del tiempo, se convirtió en piedra.

Por eso, la gente que transita por el camino de Balsas hacia Celendín, a 5 km del río Marañón, si observa con cuidado, ve una gran roca y sobre ella está el caimán petrificado, que nos recuerda la sempiterna lucha de las especies por la vida.

Glosario

Raudo: De gran velocidad y agilidad al moverse.

Saurios: Reptiles escamosos de cuatro patas.

Sempiterna: Nunca tendrá fin, eterno.

Yacumama: Proviene de los vocablos: Yacu: agua; Mama: madre; la madre del agua. Es una gran serpiente más grande que la Anaconda proveniente de las leyendas de la Amazonía.

Con aprecio, para mis amigos **Rainer Bussmann** *y su esposa* **Narel Paniagua**, *eminentes etnobotánicos, compañeros de largas jornadas recorriendo los andes, hermoso territorio del puma y de bellas flores.*

La Leona de Kumullca

Recia montaña granítica de imponente belleza que desafía al tiempo y al clima más hostil es Kumullca, mudo testigo y actor del drama de la vida en el devenir de los tiempos. Tanto así, que tiene vida propia. Todos dicen que se enoja y le temen, pues cuando a él se acercan irreverentes y desafiantes, se llena de neblina y oscurece; luego llueve torrencialmente, cae granizo, el viento sopla muy fuerte y el frío se hace insoportable para cualquier ser vivo.

Hace algunos años, después de un largo verano en la región, para sorpresa de todos, de repente el horizonte se fue oscureciendo y una nube espesa cubrió la mole gigante de Kumullca. A los truenos y rayos siguió una tempestad muy fuerte con mucho viento y el agua a raudales.

Un par de cientos de metros más abajo, otro drama tenía lugar dentro de la choza del Mashe, un pastor que llevaba una semana buscando a la ternera "Pinta", que no estaba por ningún lado. Literalmente parecía que se la había tragado la tierra. Con esta ya eran cuatro reses, las que habían desaparecido durante este último mes. La verdad es que ya no sabía qué hacer. Sumido en sus preocupaciones, decidió fumar un poco de tabaco y mascar coca.

Mal presagio pensó, después de sentir que el bolo de coca que chacchaba, amargaba. Ahora sí estaba seguro que ya nunca volvería a ver a la "Pinta", la más promisoria ternera del rebaño. Su tristeza era tan grande, que un par de gruesas lágrimas rodaron por su tez cobriza, curtida por el viento, el frío y sol de la montaña.

Dos meses antes, el Mashe hablaba con sus vecinos de Quinahuayco, y decía el verano está fuerte; de seguir así, este año no se lograban las cosechas, los animales enflaquecían por falta de pasto y se mueren de sed, hay que empezar a quemar los pajonales, no nos queda de otra, compadre Lorenzo. ¿A usted qué le parece?

Bueno, yo pienso que quemar no soluciona nada; más bien empeora todo. Al quemarse los pajonales mueren muchas plantas y animalitos, muchos de los cuales nos ayudan a combatir las plagas. Además, las rocas se aflojan y con las lluvias, los derrumbes y huaycos ponen en riesgo nuestros sembríos y familia. En fin, vea usted lo que hace, pero yo no estoy de acuerdo con quemar el pastizal; esto es muy mala costumbre.

Así, el Mashe con un palito de fósforo, prendió una planta; luego el viento se encargó del resto. Durante una semana las llamas fueron devorando pampas y montañas, dejando la tierra negra y muy triste.

Al sentir que el fuego se acercaba a donde estaba, una leona joven y primeriza fue corriendo a su refugio, una caverna natural bajo tierra, de dos metros de altura y más de veinte de profundidad. Allí la esperaban sus dos pequeños cachorritos de pocos meses de nacidos.

Cuando el fuego amainó, la leona salió a buscar alimentos y solo encontró tierra quemada. Los venados, conejos y vizcachas, que eran su alimento predilecto, habían desaparecido o emigrado a otro lugar, huyendo del incendio.

La felina, después de caminar mucho, vio un grupo de reses que pastaban en la inverna del Mashe; sin pensar en el tamaño, que la superaban ampliamente, atacó con singular fiereza a un pequeño torete, el cual fue presa fácil, mas con alguna dificultad arrastró a su presa hasta su guarida, donde tuvo alimento por varios días.

A continuación de esta res siguieron otras dos un poco más grandes, hasta que finalmente se animó por la "Pinta", la más linda ternera del rebaño del Mashe. Total, el hambre apremiaba y no tenía otra solución, ya que los campos seguían secos, sin nada para comer.

Lo de la "Pinta" fue un verdadero festín, que fue saboreando de a pocos. Llevó a su presa al fondo de la caverna y de allí iba comiendo lo necesario para seguir amamantando a sus cachorros, que ahora crecían rápidamente. Tanto que se animaban a acompañarla en sus correrías nocturnas, desde luego cuidando de no alejarse mucho del refugio.

Después de esta tempestad de inicios de octubre, llamado "el cordonazo de San Francisco", las lluvias arreciaron mucho. Ese año llovió tanto durante varios meses, que la gente apenas podía salir de sus casas y la vegetación creció rápidamente.

Entonces los herbívoros volvieron a crecer y, alimentándose del verde pasto y con ellos los carnívoros, nuevamente encontraron alimento para saciar su hambre.

Ahora la leona no tenía necesidad de atacar al rebaño de reses. Le bastaba con el alimento que abundaba en el pajonal alto andino.

Corolario

El Mashe nunca se percató de que había sido el causante directo de su desgracia, y después de mucho tiempo, un día que fue a buscar "amargón", para curar a su mujer que estaba enferma del hígado, arriba en la montaña, se encontró con la madriguera de la leona llena de huesos del ganado que se le había perdido.

Para ese momento la leona estaba muy lejos. Se había internado en el bosque de la Encañada, al otro lado de la montaña, donde había más comida y su par de crías también fueron con ella, hasta que crecieron y fueron en busca de su propio destino.

Glosario

Amargón: Planta medicinal peruana perteneciente a la familia de las gencianáceas, de múltiples efectos positivos en la salud, especialmente para la cura de enfermedades hepáticas.

Arreciaron: Se incrementaron, aumentaron.

Chacchar: Acción de masticar la hoja de coca.

Curtida: Que está endurecida por efecto del sol y del aire.

Granítica: Del granito o relacionado con él, o de características semejantes.

Irreverentes: Actitud que no demuestra respeto.

Kumulca: Montaña sagrada, ubicada muy cerca de la capital de la provincia de Bolívar, región La Libertad, Perú.

Mashe: Manera familiar de llamar a quien tiene el nombre de Máximo

Mole: Persona o cosa de muy grandes dimensiones.

Pajonales: Territorio formado por gramíneas perennes, de 60 a 80 cm. y con crecimiento en champas aisladas, entre las que crecen hierbas más pequeñas.

Quinahuayco: Nombre de un centro poblado en el distrito de Uchucmarca (Bolívar), donde hay árboles de Quina (Polylepis) y su suelo es muy inestable, produciéndose continuos desplazamientos de tierra y lodo.

Un homenaje al biólogo cuzqueño
Constantino Aucca Chutas,
mas conocido como Tino, por toda una vida dedicada a proteger ecosistemas y especies en peligro, por mostrarnos un rayo de esperanza para la conservación de la vida y las especies.

Maravilloso Colibrí

Hace ya mucho tiempo, en los valles y bosques secos del río Marañón habitaban una familia de colibríes muy hermosos, de plumas doradas, violetas, verdes y grises perladas, que adicionaban un toque de color muy especial al paisaje árido de ese gran cañón andino.

Allí vivían felices, alimentados con el néctar de coloridas flores de pates, tunshos, papelillos, marámes, gigantones, opuntias, achupallas, tabacos, campañillas y muchas más.

Siempre había alimento y aunque el calor era muy fuerte, encontraban refugio para protegerse de los fuertes rayos solares del mediodía.

Hasta que una fuerte sequía azotó la zona y las flores estuvieron muy escasas y el calor era insoportable, lo que obligó a las aves a migrar hacia bosques más altos en la cordillera andina.allí encontraron otras flores, que tenían mucha miel, sobre todo la panizara, de abundantes flores rojas; también estaban las cucharillas, los porporos, loritos, fuccias, gentianelas y muchas más.

Pero el frío les calaba hasta los huesos y muchas aves murieron debido a las lluvias con granizo y fuertes heladas nocturnas. Este no era un buen lugar para vivir, así que decidieron avanzar más y cruzar la cordillera de

Calla Calla, y en búsqueda de un mejor lugar llegaron al hermoso valle del río Utcubamba

Este valle, muy fértil y saludable, ofrecía el clima ideal para las bellas aves; sin embargo, en aquel tiempo estaba plagado de serpientes, las cuales hacían peligrar su vida, pues devoraban sus huevos o a las pequeñas crías cuando aún no abandonaban su nido.

Es así como el clamor de los colibríes, llegó a los oídos de la Pachamama, quien les dijo que pidieran lo necesario para defenderse de las voraces alimañas. Uno de los colibríes había observado que las serpientes se asustaban cuando las mariposas en su revoloteo sobre las flores, movían sus alas esplendorosas. Así que ellos pidieron alas parecidas a las que tienen las mariposas, y fue allí que ocurrió la magia.

Las nuevas generaciones de colibríes fueron dotadas de dos colas adicionales, las cuales tienen una base muy larga, que termina con una pluma muy vistosa y colorida, que pueden batir y ondear imitando al vuelo de las mariposas. Y de este modo asustaban a las serpientes, protegiéndose de su depredador rastrero.

Ahora sí vivían en un verdadero paraíso, una pradera con muchas flores, de las cuales recibían el dulce néctar a cambio de ayudarles llevando el polen de una flor a otra, polinizándolas y de ese modo continuar con el milagro de la vida en el devenir de los tiempos.

Mas un día aparecieron nuevos visitantes y la felicidad se vio interrumpida con la llegada de los seres humanos, quienes encontraron en este valle un lugar bueno para hacer agricultura y ganadería. De manera inmediata, se dedicaron a quemar pajonales y talar bosques, para abrir chacras donde sembrar y hacer invernas para criar ganado. Así se inició la destrucción del bello paraíso donde vivían los colibríes.

Al principio eran pocos los campesinos, y los colibrís fueron buscando nuevas áreas libres para vivir, lejos de los humanos que también los perseguían y mataban con sus hondas, solamente por el puro gusto de cazarlos, pues al ser tan pequeños, ni siquiera servían como alimento.

Tiempo después ocurrió la verdadera tragedia: llegaron muchas familias andinas y empezaron a talar y quemar los bosques y praderas de manera masiva; para nada les importaba que los animales necesitaran del bosque para vivir -la invasión de su espacio vital fue arrolladora- y muchos colibríes murieron al ser destruido su ambiente; otros que quedaron cerca de las nuevas casas y cayeron por las hondas asesinas. De manera dramática su población fue desapareciendo, hasta quedar muy pocos colibríes.

Felizmente no toda la gente es peligrosa; algunos muy pocos, pensaron y actuaron para cuidarlos, así que crearon áreas protegidas, lugares donde los bosques y sus habitantes permanecen intactos; donde no se puede talar ni quemar; tampoco hacer agricultura o ganadería. Se pueden hacer actividades de turismo e investigación, tratando de causar el menor impacto posible. Solamente podemos visitar y observar estas bellísimas aves, únicas en el mundo, que ahora tienen una esperanza de vida y sobrevivencia mayor que hace algunos años. Sin embargo, la lucha por la conservación de estas aves continúa, y se necesita más gente comprometida con esta causa.

Es necesario que la población entienda que los bosques y todo lo que allí habita se ha formado desde hace miles de años y nosotros no tenemos por qué destruirlos.

Finalmente, los colibries vuelan felices y raudos van subiendo y bajando, levantan sus colas cual raquetas de tenis; van y vienen, toman el dulce néctar de las flores, los machos revolotean elegantemente ante las hembras, se aparean, hay nuevos huevos, nuevas crías y la maravillosa vida continúa.

Glosario

Utcubamba: Valle que tiene su inicio al pie de la cordillera de Pagra Pagra, en el páramo de Atalaya, en Teaven; luego baja por Alto Atuen, sigue por Leimebamba, Pedro Ruiz y Bagua Grande (región Amazonas, Perú) hasta llegar a integrarse con el Marañón, donde pierde su nombre.

Marámes: Cactus, especie *Borzicactus serpens*.

Gigantones: Cactus, especie *Browningia pilleifera*.

Opuntia: Llamada comúnmente "tuna", es un género de plantas de la familia de las cactáceas que consta de más de 300 especies, todas oriundas del continente americano.

Panizara: Planta herbácea aromática con flores pequeñas y labiadas, especie *Satureja pulchella*.

Porporos: Enredadera de la familia de las Pasifloras. Su fruto es agridulce y sus flores muy hermosas. *Passiflora tripartita*

Fuccias: Fuchsia es un género de plantas de flor, de la familia Onagraceae. Mayormente son arbustos con flores muy vistosas.

Gentianelas: Flores de la familia Gentianaceae

Polinizándolas: Es el proceso de fertilización vegetal que se desarrolla desde que el polen deja el estambre en el que ha sido generado hasta que llega al pistilo en el que germinará.

Invernas: Pastizal para el pastoreo de herbívoros domésticos. Los pastos pueden ser naturales o cultivados.

Para mi dilecto amigo y hermano,
Quirino Vásquez Pita,
con gran afecto y cariño, por su valiosa amistad
fraterna y especial sensibilidad social y humana.

Machaqway, la serpiente amiga de los hombres

Cierta tarde, regresando muy contento a casa desde la escuela, jugando y correteando con otros niños de mi edad, decidí acercarme al canal de agua que discurría a lado del camino de Púsac a Barriochucho, para saciar mi sed. Tal como siempre lo hacía y donde a falta de un recipiente para beber el vital líquido, agachaba mi cabeza para tomar a sorbos directamente la deliciosa agua fría y cristalina que allí corría.

Tanta era la sed que sentía, que no me percaté que al frente de mi cara, había una enorme serpiente de color negruzca mezclada con azul acero, que también bebía tranquilamente de la misma agua.

¡Auxilio! ¡Auxilio! -grité desesperadamente-¡Una enorme víbora me quiere morder! ¡Ayuda, ayuda, por favor! Clamé fuertemente.

De pronto apareció don Sheba, un anciano septuagenario que vivía muy cerca y que, habiendo escuchado mis gritos de terror, muy ágilmente vino a mi auxilio e inmediatamente desenfundó su machete y se lanzó decidido a dar muerte a la serpiente.

Fue entonces que con el brazo en alto empuñó el machete, y justo en el preciso momento en que iba a dar el golpe, se detuvo en seco. Luego, con mucha calma, guardó el arma y le habló al reptil muy suavemente.

"Vete tranquila, hortelana, sigue tu camino nadie te va a molestar".

Después me ordenó con firmeza ¡Siéntate, muchacho! y dirigiéndose a su esposa, doña Juliana, dijo: Por favor, mujer, trae un vaso con agua de azahar, para darle a este jovencito que está tan asustado que tiene su rostro mas pálido que la cera.

Asustado e intrigado, con la curiosidad propia de un niño, hablé:

Cuénteme, don Sheba, ¿por qué la dejó ir tranquilamente? ¿Acaso no era peligrosa esa serpiente?

¡Vaya, qué mal momento pasaste! Dijo suavemente. ¡Tienes suerte, porque de tratarse de una víbora sí estaríamos en serios problemas!

Bueno, ahora ya que tienes interés, déjame narrarte la historia de la hortelana, que es tan antigua como estos apus y valles que hoy nos albergan.

Esto sucedió hace mucho tiempo, cuando las bestias hablaban con los seres humanos y vivían pacíficamente compartiendo los dones de la creación.

Mas para romper la armonía reinante, aparecieron sobre la tierra la envidia y traición, llevando éstas la forma de una serpiente oscura y ágil que, a falta de patas para caminar, se arrastraba por el suelo con singular destreza.

Primero llegó una, la cual pidió un poco de alimento y calor en el hogar de una familia de gentiles y estos, muy hospitalarios, la albergaron en su casa compartiendo con ella alimento y cariño.

Mas poco tiempo después, la sierpe mordió a sus protectores, causándoles mucho dolor y congoja.

Sin embargo, lo peor vino después, cuando rápidamente el valle fue llenándose de serpientes venenosas, que ahora se reproducían por millares, adueñándose de todo lo que allí vivía, haciendo huir tanto a hombres como a bestias.

Fue así que la gente desesperada clamó a sus apus y todas sus divinidades juntas, para que les ayudasen a solucionar este terrible problema.

Y entonces sus voces fueron escuchadas y se produjo un acto de justicia divina, pues al existir tanta maldad en las víboras, los dioses enviaron una torrencial lluvia, la cual duró treinta dias con su noches, inundándose todo el valle de Cruzpata, ahogándose la mayor parte de víboras, pues muy pocas lograron escapar hacia la montaña.

Finalmente, en el último día de la lluvia se formó un inmenso y bello arcoíris, al que todos miraron extasiados y con total sorpresa; observaron nitidamente dentro de él a una bella serpiente, que se descolgaba hacia el valle raudamente.

De pronto, un relámpago iluminó todo el valle y las montañas; luego, el cielo tronó muy fuerte, como si estallara en mil pedazos y segundos después zigzagueó un rayo, que terminó de traer tan hermoso animal a la tierra.

Los gentiles no salían de su asombro, se miraban deslumbrados y temerosos de la presencia de este reptil, asi que pensaron en matarla, antes que se reprodujera y les causara daño nuevamente.

Entonces se escuchó una voz en las alturas que retumbó por todos los confines de la tierra, que dijo a los hombres. "Les envío esta serpiente para que ella cuide de sus tierras, limpiándolas de toda alimaña ponzoñosa, que por allí apareciera, será su aliada y compañera".

La llamarán Machaqway; más con ella compartirán su vida, la cuidarán y rendirán culto, adorándola por siempre.

Asombrado del suceso y de la narración, regresé a casa conmovido y lleno de gratitud hacia la sabia naturaleza y a don Sheba, tanto por ayudarme y luego por compartir tan bella historia, que ahora, estando en mi memoria, la escribí con mucho cariño para ustedes lectores.

Glosario

Apus: Los apus (del quechua apu, señor(a)son montañas tenidas por vivientes desde épocas precolombinas en varios pueblos de los Andes (Perú y Bolivia principalmente), a los cuales se les atribuye influencia directa sobre los ciclos vitales de la región donde se ubican; también poseen un significado asociado a una divinidad o deidad.

Congoja: Pena intensa e incontenible que se exterioriza con llanto o quejas.

Cruzpata: En castellano significa "Dos Cruces". Antiguo nombre del pueblo actual de Púsac, en el distrito de Uchucmarca, provincia de Bolívar, Perú.

Desenfundando: Extraer de la funda, que guarda un instrumento afilado y cortante (cuchillo, machete, espada y otros)

Gentil: Es una palabra que usaban en los pueblos andinos del norte de Perú, para nombrar a los antiguos pobladores precolombinos, que habitaron esta parte de los andes.

Hortelano(a): Quién cuida y cultiva huertas.

Machaqway: Palabra de origen quechua que se pronuncia "machaguay" o "machacuay", y su significado es víbora o culebra.

Esta serpiente, que científicamente se denomina: *Boiruna maculata* es querida y respetada por los agricultores y granjeros, pues no es agresiva, además por protegerlos, porque es ofiofaga (es decir que come a otras culebras) ya que su alimentación básica es de víboras venenosas, Bothrops y Crotalus, venenos a los cuales es inmune.

Cuando ataca a su presa la envuelve entre sus anillos para asfixiarla, ya que es una poderosa constrictora. Mide alrededor de 2 metros y es de color negro azulado brillante, su vientre es blanco o crema y la barbilla y la garganta son de color morado o blanco.

Ponzoñosa: Venenosa, tóxica.

A mi amigo y hermano,
Carlitos Cieza Urrelo,
poseedor de una alma sensible y bondadosa,
en testimonio de admiración, respeto y cariño.

Tilacancha: Manantial de vida

Gruesas gotas de sudor, rodaban por la frente de Florencio Sánchez, cuyo rostro, curtido por las inclemencias del tiempo, mostraba profunda preocupación y tristeza.

—¡Desde que llegué a este mundo no recuerdo una sequía tan fuerte! ¡Este verano nos está matando a pausas! —sentenció Florencio.

Y no era para menos, porque ese año había sido el más seco de todos los últimos 50 años: apenas habían caído algunas lloviznas en los meses de enero y febrero; luego no llovió ni una sola gota. Era agosto y la sequía seguía siendo insoportable.

Ese 30 de agosto, Florencio y su esposa Beatriz se levantaron con las primeras luces de la mañana, tratando de no despertar a sus dos hijos, María y José Alberto, de 8 y 6 años de edad, respectivamente. A las 5 de la mañana salieron de su casa con un cielo totalmente despejado, pleno de estrellas, cuya luz iba apagándose al aparecer el astro rey con todo su esplendor. La noche había sido muy fría; en el piso se veían pequeños trozos de hielo, lo que señalaba que había caído helada. El viaje mañanero de los Sánchez era para buscar agua, muy abajo en la quebrada del río Sonche, donde, según algunos vecinos, todavía quedaba un poco de agua para saciar la sed de las gentes y de sus animales.

Los niños se levantaron un poco más tarde y comieron algo de cancha, y pese a la prohibición de sus padres de no alejarse de su casa, decidieron ir en busca de moras frescas, las que abundaban en la parte alta de la montaña. Caminaron por varias horas fuera del camino, pensando encontrar rápidamente las jugosas moras; mas estas no aparecían por ningún lado. Todo era pajonal y solo uno que otro arbusto pequeño sin flores ni frutos languidecía en el ambiente.

Cansados de caminar se sentaron un momento sobre el ichu y al mirar el horizonte no lograron ver su casa. ¡En ese momento se dieron cuenta que estaban perdidos! Entonces, muy tristes se pusieron a llorar desconsoladamente. El cansancio, unido al hambre y la sed, llegaba a sus vidas con la desgracia de estar perdidos en plena montaña sin saber qué hacer, ni a dónde ir.

De pronto vieron que un pequeño perro avanzaba hacia ellos. Al observarlo una ligera sonrisa iluminó el rostro de ambos niños. Mas cuando se acercó, se dieron cuenta de que no era un perro, sino se trataba de un zorro, de grandes orejas, abundante pelaje pardo grisáceo, larga y copiosa cola.

El cánido, al percatarse de la presencia de los niños, dio media vuelta y se encaramó sobre un tronco seco, donde apenas aparecía su cabeza, pues el resto de su cuerpo estaba escondido en el pajonal. Allí se quedó muy atento observando a los niños con una mirada muy dulce y llena de curiosidad, los ojitos le brillaban y movía su cabeza y cola como si quisiera hablarles. En ningún momento mostraba miedo; más bien se notaba muy amigable.

Pasado un buen rato, el zorro se paró y saltó desde el tronco al suelo y comenzó a caminar lentamente, siempre mirando a los niños, como diciéndoles síganme. Ellos, un tanto sorprendidos, entendieron el mensaje y fueron tras él, quien caminaba sin ninguna prisa. Después de recorrer algunos cientos de metros, llegaron a un bosque dentro de una quebrada.

Los niños observaron como el animalito desaparecía entre los arbustos y árboles e inmediatamente decidieron seguir sus pasos. Al entrar en el bosque quedaron gratamente sorprendidos al encontrar gran cantidad de moras, poroporos y otros frutos silvestres; pero lo más importante fue que encontraron una fuente de agua abundante, limpia y cristalina. Este era un mágico lugar, a donde llegaban muchos animales, como aves y mamíferos grandes y pequeños. Era como un oasis, en medio del pajonal donde había alimentos y agua.

Después de saciar su hambre y sed, los niños observaron como el zorrito se alejó del bosque corriendo hacia una colina. Trataron de seguirlo y llegaron a la cima; cuando estuvieron allí no volvieron a ver más al pequeño zorro. Mas, al otear el horizonte, con mucha alegría divisaron su casita. Como se hacía tarde llenaron la copa de sus sombreros con frutos y luego emprendieron el retorno a su hogar de manera rápida, antes de que anocheciera.

Cuando llegaron, no encontraron a sus padres, pues no habían retornado todavía y como estaban muy cansados, se quedaron dormidos en seguida.

A la mañana siguiente, despertaron muy temprano y observaron que sus padres estaban nuevamente alistándose para salir en búsqueda de agua a otra quebrada, mucho más lejos que la anterior, pues a la que habían ido el día anterior estaba seca.

Al ver a sus padres tristes y preocupados, María les habló de su paseo con un poco de miedo, por haberles desobedecido; pero al darles la buena noticia que habían encontrado un hermoso manantial gracias a la guía del pequeño zorro, ellos se pusieron felices, ocasión que aprovechó José Alberto para abundar en detalles sobre las deliciosas frutas que habían comido y el agua fresca y pura que habían bebido. Mostrando las pruebas sacaron sus sombreros llenos de moras y poroporos.

Sin más preámbulos, los Sánchez en pleno, junto a sus vacas y caballos, caminaron hacia la fuente de agua, con la guía de los menores. Todo era felicidad para la familia. Cuando llegaron, los mayores pudieron cerciorarse de que la información de sus hijos era correcta, y al ver tanta agua, quedaron rebosantes de alegría. Mas había algo extraño en ese bosque, pues era lo único verde en todo el pajonal altoandino. Y claro, esto tenía que ver con el agua que allí había, pero, observaron también que unos metros más abajo esta desaparecía en unos tragaderos, que estaban en el mismo lecho del riachuelo.

Ya de retorno a casa los Sánchez fueron a ver a sus vecinos de las comunidades del Maino y Levanto para contarles de este feliz y maravilloso hallazgo del manantial ubicado en un sitio llamado Tilacancha. Dicha noticia se divulgó muy rápido como un reguero de pólvora y todos visitaron el bendito lugar en busca del vital líquido.

Fue entonces que todos los comuneros decidieron trabajar juntos en un día de faena o "república", donde abundaron los exquisitos cuyes y fiambres, que fueron asentados con chicha de jora, además de la participación de dos cajeros que animaban a todos a trabajar sellando los agujeros del terreno por donde se perdía el agua, con lo que el riachuelo depositaba sus aguas en la quebrada que pasaba muy cerca de sus tierras y casas, lo cual generó mucho progreso en las comunidades. A este riachuelo le llamaron Tilacancha.

Los niños María Salomé y José Alberto fueron a la escuela y conforme crecieron se convirtieron en líderes de sus comunidades. Así gozaron de la gratitud, cariño y respeto de todos.

Transcurrido algún tiempo, como tenían sobrante de agua, esta fue llevada hacia la ciudad de Chachapoyas para abastecer a toda la población con el líquido elemento.

Años más tarde, con la participación del municipio provincial, ONGs, ambientalistas, empresa del agua potable de Chachapoyas y las comunidades campesinas de Levanto y San Isidro de Maino, decidieron firmar un convenio, conforme al cual comuneros se comprometían a cuidar los pajonales y bosques para proteger el agua de Tilacancha. A cambio de ello, la población de Chachapoyas se beneficiaría con el agua y retribuiría con un aporte económico recaudado por la empresa EMUSAP para entregarlo a los comuneros: "Guardianes de los bosques, pajonales y agua".

Glosario

EMUSAP: Entidad Prestadora de Servicios de Saneamiento Empresa Municipal de Servicios de Agua Potable y Alcantarillado de Amazonas.

Poroporo: *Passiflora tripartita* var. *mollissima*, conocido también como "pur pur","puro puro", "purush", "tumbo serrano", es una especie de la familia Passifloraceae; el género Passiflora. Estas frutas son conocidas por sus propiedades medicinales, ornamentales y alimenticias.

www.ingramcontent.com/pod-product-compliance
Lightning Source LLC
Chambersburg PA
CBHW030507220526
45464CB00006B/2700